生活垃圾分类

科普读物

张立勇 张永升 杨建肖 王俊生 等编著

U0229115

化学工业出版社

·北京·

本书采用问答的形式和浅显易懂的语言，将生活垃圾的来源、分类管理及最终去向等内容分门别类地介绍给社会大众、保洁人员、环卫部门和相关管理人员，着重向社会大众普及、引导和介绍如何开展生活垃圾分类。

全书共分为垃圾从哪儿来、垃圾怎么分、垃圾到哪去三篇，内容主要包括：垃圾产生的来源、危害及分类管理措施，不同垃圾、不同人群、不同场所的垃圾分类方法、措施或流程，垃圾资源化、填埋、焚烧等处理处置措施的流程、作业环节、二次污染控制方法等，内容通俗易懂，图表结合，易读性强。

本书可供社会大众、保洁人员、环卫工人、管理部门、关联企业员工等不同人群作为生活垃圾分类参照依据、行为指南和学习资料，也可以作为生活垃圾分类普及教育的科普读物，还可供环卫部门开展城市生活垃圾无害化、减量化及资源化管理参考和使用。

图书在版编目（CIP）数据

生活垃圾分类科普读物／张立勇等编著． —北京：化学工业出版社，2019.12（2023.11重印）
ISBN 978-7-122-36099-1

Ⅰ．①生…　Ⅱ．①张…　Ⅲ．①垃圾处理－普及读物　Ⅳ．①X705-49

中国版本图书馆 CIP 数据核字（2020）第 005818 号

责任编辑：卢萌萌　刘兴春　　　　　　　　美术编辑：王晓宇
责任校对：宋　夏　　　　　　　　　　　　装帧设计：水长流文化

出版发行：化学工业出版社（北京市东城区青年湖南街 13 号　邮政编码 100011）
印　　装：北京建宏印刷有限公司
787mm×1092mm　1/32　印张 1¾　字数 40 千字　2023 年 11 月北京第 1 版第 7 次印刷

购书咨询：010-64518888　售后服务：010-64518899
网　　址：http://www.cip.com.cn
凡购买本书，如有缺损质量问题，本社销售中心负责调换。

定　　价：18.00 元

序

在生态文明建设进程中，推行生活垃圾分类，令这种放错了地方的资源回归到正确的位置，是每一位公民对追求美好健康宜居环境的需要和向往，已成为全社会共同关注的热点。

21世纪是人类与环境相协调的世纪。自工业革命以来，科学技术的发展使人们改造自然的能力得到前所未有的提升，可以最大限度地开采化石能源及一切资源，可以最大限度地发展生产。于是市场化、产业化、人口剧增带来了过度消费和大量废弃物，环境恶化问题日趋严重，建立健康循环的生态体系迫在眉睫。生态体系的核心是水资源流、物质流和能源流的健康循环。就物质流而论，主要是人居排泄物和生活垃圾，其中，生活垃圾的主要成分是厨余垃圾，这些垃圾通过一定的技术手段可以在人类社会以闭合回路进行循环。十九大报告提出推进绿色发展，推进资源全面节约和循环利用，倡导简约适度、绿色低碳的生活方式，为实施生活垃圾分类投放、分类收集、分类运输、分类处置提供依据和政策。我国经历了改革开放高速发展的40年，国民经济和人民受教育程度逐年升高，基础设施日益完备。但是，相比于高速发展的社会经济和日益美好的社会生活，居民对生活垃圾具体分类方法不甚熟悉，仍有相当严重的垃圾混投、混运现象，进一步影响到了生活垃圾健康循环再利用。本书作者通过对生活垃圾进行实地调查分析，对不同生活垃圾产生特点进行归纳，对相应的分类投放设施标准、分类收运规范，以及最后终端处置的场地，结合适宜分类方案进行总结，编著了《生活垃圾分类科普读物》。

《生活垃圾分类科普读物》针对居民生活垃圾分类瓶颈问题，以普及绿色、健康、循环的分类方法为总体目标，从垃圾来源、收运及终端处理等方面进行阐述，提出了适于不同人群、不同功能区的分类方法，介绍了典型的垃圾分类应用案例。旨在让社会大众对垃圾分类有一个具体的系统性的了解。

《生活垃圾分类科普读物》的出版发行，为读者呈现或解释生活垃圾分类的必要性和紧迫性，为生活垃圾分类提供指导，从正面积极引导社会公众主动进行垃圾分类。

张杰

中国工程院院士

哈尔滨工业大学教授

前言

生活垃圾分类是与社会发展、市容美化、人民幸福生活密切相关的重要基础工作和环境卫生工作。随着居民对人居环境需求的提高、社会发展面临的资源环境压力的增加，规范大众处理处置生活垃圾行为、引导居民进行生活垃圾分类、完善生活垃圾分类收运系统等一系列工作迫在眉睫，将生活垃圾正确分类投放、分类处理及资源化越来越受到社会和公民的重视。

我国要推进国家和社会绿色发展，推进资源全面节约和循环利用，倡导简约适度、绿色低碳的生活方式，为实施生活垃圾分类投放、分类收集、分类运输、分类处置提供了政策依据。

本书从生活垃圾产生的领域部门、类型特点、危害后果及处理处置代价等方面入手，力图通过文字描述、表格对比、图片展示等形式，为读者呈现或解释生活垃圾分类的必要性和紧迫性，从正面积极引导社会公众主动进行垃圾分类。

本书将生活垃圾的来源、具体分类方法、分类后的去向、处理方法以及潜在的社会影响等内容渐次向读者展开，可读性强，能够促进生活垃圾处理处置与全过程管理知识的推广，增强社会公众节约资源、降低垃圾产量的绿色发展理念。

本书针对生活垃圾产生源头与危害、分类价值与优势、具体措施与管理、分类后去向与效益、典型做法等方面进行详尽叙述，并且结合每一环节均给出有针对性的建议。主要内容如下：

第一篇，对垃圾追根溯源，辨析垃圾的概念及相应内涵，阐述了垃圾的危害，整理了现有的垃圾相关政策文件，细分了不同场所产生的垃圾类别，分析了垃圾分类对于城市发展的现实意义以及社会意义，最后列举了垃圾分类典型地区的一些成熟做法。

第二篇，概述了生活垃圾的分类原则和分类依据，具体介绍了不同类型垃圾分类的标识与措施，阐述了在不同区域所产生的垃圾分类投放形式，简单介绍了一些不同区域的垃圾收运模式。

第三篇，梳理了生活垃圾收运流程，介绍了垃圾分类后处理处置简要流程，列举了垃圾分类后的资源化有效途径，阐述了不同生活垃圾处理流程，最后补充了一些其他的垃圾处理处置方法。

总之，本书通过问答、插图、表格等表现力好的形式展现了相关概念、措施及方法，编写过程中力求语言平实简练，通俗易懂，同时适度引导读者对生活垃圾分类有进一步的认识。

本书由张立勇、张永升、杨建肖、王俊生等编著。参加本书编著的人员及分工内容如下：第一篇由张立勇、张鹏辉编著；第二篇由张永升、杨建肖编著；第三篇由王俊生、贾赞利编著。此外，河北农业大学张艺凡、武玉冲参与了本书的整理和校对工作。

本书的出版得到了河北省省级科技计划（19K53812D）与河北省人才培养工程（A201901047）等项目的资助，并得到了化学工业出版社的大力支持，在此致谢。

在本书的编著过程中参考了大量的政策文件、技术指南、新闻报道和网络图片，在此深表感谢。

由于编著者水平有限，书中难免有不足或谬误，敬请读者批评指正。

编著者

2019年8月

目录

第二篇　垃圾怎么分？

第三篇　垃圾到哪去?

第一篇
垃圾从哪儿来？

　　随着我国社会经济的快速发展，城市建设与乡村振兴都取得了举世瞩目的成就。但是，相比于高速发展的社会经济和日益美好的生活生态环境，文明社会的代表性生活技能之一——垃圾分类意识和行为，却略显匮乏。实践证明，不论城乡、发达或欠发达地区，仍有相当严重的垃圾混投、混运现象，甚至存在随意抛弃等行为，降低了人居环境质量，妨碍了住区观感美好，阻断了生活垃圾中可回收部分的再利用。通过科学分析生活垃圾分类影响因素，选择适合的生活垃圾分类方案，可以改变生活垃圾分类状况，最大限度实现生活垃圾资源化利用，减少生活垃圾处理量及其二次污染，美化城乡环境。

　　推行垃圾分类，关键是要加强科学管理、形成长效机制、推动习惯养成。要加强引导、因地制宜、持续推进，把工作做细做实，持之以恒抓下去。要开展广泛的教育引导工作，让广大人民群众认识到实行垃圾分类的重要性和必要性，通过有效的督促引导，让更多人行动起来，培养垃圾分类的好习惯，全社会人人动手，一起来为改善生活环境做努力，一起来为绿色发展、可持续发展做贡献。

　　生活垃圾是指在日常生活中或者为日常生活提供服务的活动中产生的固体废物以及法律、行政法规规定视为生活垃圾的固体废物。为了方便垃圾收运，我国相关部门将生活垃圾分为四类，分别是可回收物、厨余垃圾、有害垃圾和其他垃圾，具体涵盖物品种类如下。

 1. 什么是可回收物？

　　可回收物是指可以再生循环的、经过处理加工可以重新使用的生活废弃物。

　　生活中产生的可回收物主要包括以下几个方面。

　　① 废纸张：报纸、书本、包装纸、包装盒、办公用纸、纸箱、日历等。

　　② 废塑料：塑料包装物、塑料泡沫、一次性塑料餐盒和餐具、塑料杯、塑料瓶、塑料油桶、塑料盆、塑料玩具等。

　　③ 废金属：易拉罐、罐头盒，金属厨具，金属餐具，指甲钳，螺钉，螺丝刀、钳子、扳手等金属工具，铝箔，晾衣架，钥匙，金属容器，金属瓶盖等。

　　④ 废旧纺织物：废弃衣服、桌布、书包、鞋、床上用品等。

　　⑤ 废玻璃：玻璃瓶、碎玻璃片、暖瓶、玻璃工艺品、玻璃杯等。

　　⑥ 废橡胶及橡胶制品：废旧轮胎等。

　　⑦ 电路板、电线、插座等。

① 轻投轻放，清洁干燥，避免污染。

② 废纸尽量平整。

③ 立体包装需清空内容物，清洁后压扁投放。

④ 有尖锐边角的，应包裹后投放。

⑤ 纸巾由于水溶性太强不可回收。

2. 什么是有害垃圾？

有害垃圾是指对人体健康或者自然环境造成直接或者潜在危害的、需要特殊处理的生活废弃物。

生活中常见的有害垃圾主要包括：

① 废荧光灯管、日光灯管、节能灯。

② 废温度计、废血压计。

③ 过期药品及其包装物、药片、胶囊、紫药水、医用酒精、碘伏及其包装瓶、针剂、口服液、软膏等。

④ 废油漆、溶剂及其包装物、指甲油、过期化妆品、废打印机墨盒等。

⑤ 废杀虫剂、消毒剂及其包装物。

⑥ 胶片及废相纸。

⑦ 部分废电池：纽扣电池、电子产品用的锂电池、电动车电瓶中的铅蓄电池等。

① 废灯管等易破损的有害垃圾应连带包装或包裹后投放。

② 轻拿轻放，防止破碎。

③ 回收的废油漆应分类，不能混杂。

④ 盛放化妆品的盒子大多是玻璃和塑料两种材质，这两种材质都属于可回收物行列，在投放垃圾的时候，要注意将其投放到可回收物箱内。

⑤ 废杀虫剂等的压力罐装容器，应排空内容物后投放。

3. 什么是厨余垃圾？

厨余垃圾是指在普通存放条件下容易腐烂变质的生活废弃物。

厨余垃圾主要包括：

① 家庭厨余垃圾：剩菜剩饭、腐肉、肉碎骨、畜禽产品内脏、蛋壳；果皮、茶叶渣、咖啡渣；蔬菜瓜果垃圾等。

② 家居环境中的花草、落叶等。

① 去除食材食品的包装物，不得混入纸巾、餐具、厨房用具等。

② 难以生物降解的贝壳、大骨头、毛发等，宜作为其他垃圾投放。此外，还有果核、坚果类果壳、玉米棒，这些都是不可回收的。

像是鸡骨头等小型骨头和软骨等易降解，则归属厨余垃圾。

③ 厨余垃圾应滤去水分后再投放。

 4. 什么是其他垃圾？

其他垃圾是指危害较小但无再次利用价值的生活废弃物。

生活中产生的其他垃圾主要包括：

① 砖瓦陶瓷、破碎的瓷器家具、渣土等。

② 使用过的餐巾纸、一次性餐具、卫生纸、尿不湿、妇女卫生用品、烟蒂、打扫时产生的尘土、头发、被污染的塑料袋、胶带、创可贴、内衣裤、旧毛巾、咀嚼过的口香糖等。

③ 干电池：一号、五号、七号干电池等。

① 并不是所有电池都属于有害垃圾。

② 投放其他垃圾时应尽量沥干水分。

③ 难以辨别类别的生活垃圾投入其他垃圾中。

 5. 垃圾对家庭环境有哪些危害？

（1）产生恶臭

时间久了的饭菜、室温下较长时间不处理的厨房垃圾桶，都容易散发令人不愉快的臭味。恶臭物质的臭味，不仅取决于种类和性质，也取决于浓度，浓度不同，同一种物质的气味也会改变。

（2）垃圾长时间堆积产生的恶臭对人体的危害很大

危害呼吸系统、循环系统、消化系统、内分泌系统以及神经系统等。人们突然闻到恶臭，就会产生反射性的抑制吸气，使呼吸次数减少，深度变浅，甚至完全停止吸气，即所谓的"闭气"。

妨碍正常的呼吸功能，随着呼吸的变化，会出现脉搏和血压的变化，如氨等刺激性臭气会使血压出现先下降后上升、脉搏先减慢后加快的现象。

经常接触恶臭，会使人厌食、恶心，甚至呕吐，进而发展为消化功能减退，会使内分泌系统功能紊乱，影响机体的代谢活动。

长期受到一种或几种低浓度恶臭物质的刺激，会引起嗅觉消失、嗅觉疲劳等障碍。

恶臭使人精神烦躁不安，思想不集中，工作效率降低，判断力和记忆力下降，影响大脑的思考活动。

（3）含有有毒物质

家庭中所使用的非环保干电池中含有有毒有机溶剂，挥发性高，容易被人体吸收，从而引起头痛、过敏、昏迷等症状，严重时可致癌。

家庭装修所残留的油漆桶含有有毒气体苯，其挥发可引发中毒、哮喘、咳嗽等。

　　粉刷的颜料中含有的重金属铅，会使人的神经系统、消化系统和泌尿系统受到损害，造成女性生殖功能改变，异常生育力上升，婴儿出生体重减轻，儿童智力下降等。

 6. 垃圾对室内公共环境有哪些危害？

　　在大型超市、商场、饭店等公共空间密闭保暖或制冷期间，有限空间内，客流量大，室内活动人员流动性大，长期垃圾堆积和处理不当会传播疾病，对人群的健康造成危害。

 7. 垃圾对室外开放环境有哪些危害？

　　（1）占用土地

　　垃圾挤占了大量宝贵的土地资源和生存空间，严重影响了工农业生产和生活。大批垃圾破坏地球表面的植被，这不仅影响了自然环境的美观，更破坏了大自然生态平衡。

　　（2）污染环境

　　固体废物含有各种有害物质，处理不当可直接污染土壤、空气和水源，并最终对各种生物包括人类自身造成危害。

　　（3）传播疾病

　　垃圾含有大量微生物，是细菌、病毒、害虫等的滋生地和繁殖地，严重地危害人体健康。

（4）污染土壤和水体

垃圾渗出液改变土壤成分和结构，有毒垃圾会通过食物链影响人体健康。垃圾破坏了土壤的结构和理化性质，使土壤保肥、保水能力大大下降。

垃圾中含有病原微生物、有机污染物和有毒的重金属等，在雨水的作用下，它们被带入水体，可能会造成地表水或地下水的严重污染，影响水生生物的生存和水资源的利用。

 8. 垃圾处理处置不当会有哪些二次危害？

（1）对水体的危害

国内相当数量的生活垃圾采用卫生填埋的方法进行处理处置，如果垃圾填埋场没有采取防渗及配套的监管措施，垃圾渗滤液就会不可避免地对周边水环境产生污染。

（2）对大气的危害

易腐垃圾在环境中分解时，会释放恶臭、甲烷、一氧化碳等危害大气环境的污染气体；此外，塑料废物由于难以降解而被称为"白色污染"，而且在焚烧处理过程中会向环境释放二次污染物污染大气环境。

（3）对土壤的危害

厨余垃圾传统的处理方式主要有两种：焚烧和填埋。厨余垃圾采取焚化处理，易产生有害气体二噁英等；而填埋则会造成对土壤多方面的污染。

（4）对人体的危害

生活垃圾主要通过土壤污染、大气污染、地表和地下水的污染影响人体健康。生活垃圾若不能及时从市区清运或是简单堆放在市郊，往往会造成垃圾遍布、污水横流、蚊蝇滋生、散发臭味，还会成为各种病原微生物的滋生地和繁殖场，影响周围环境卫生，危害人体健康。

 9. 国家部门颁布实施的政策、文件有哪些？

（1）1995年，全国人民代表大会常务委员会颁布了《中华人民共和国固体废物污染环境防治法》

明确了城市生活垃圾处理的相关规定：国务院作为环境保护的行政主管部门，对全国的环境保护工作实施统一的监督管理，国务院建设行政主管部门和县级以上地方人民政府环境卫生行政主管部门负责城市生活垃圾的清扫、收集、储存、运输和处置监督管理工作。

（2）2007年，建设部颁布了《城市生活垃圾管理办法》

规定了城市生活垃圾管理的各种制度，其中包括生活垃圾的清扫和收集运输制度，增加了生活垃圾处理方面的相关规定，明确了垃圾管理的相关细化工作。《城市生活垃圾管理办法》一方面认同了垃圾处理需要综合考虑各个方面的内容，同时也督促地方制定适合当地情况的垃圾处理办法，将生活垃圾的处理规范化、制度化。

（3）2011年，国务院颁布了《国务院批转住房城乡建设部等部门关于进一步加强城市生活垃圾处理工作意见的通知》

规定了各城市生活垃圾处理的指导思想、基本原则和发展目标，进一步为各地区建立符合本地区垃圾管理的新策略。

（4）2017年，国务院办公厅颁布了《关于转发国家发展改革委、住房城乡建设部生活垃圾分类制度实施方案的通知》

明确提出党政机关等公共机构要带头实施生活垃圾分类工作，逐步建立生活垃圾分类的常态化、长效化机制。在党政机关等公共机构实施生活垃圾分类，促进资源回收利用，推动生活垃圾减量化、资源化、无害化，对于推动全社会普遍实施生活垃圾分类具有重要的示范引领作用。党政机关等公共机构要带头实施生活垃圾分类工作，逐步建立生活垃圾分类的常态化、长效化机制。

（5）2017年，国家发展和改革委员会、住房和城乡建设部颁布了《生活垃圾分类制度实施方案》

提出城市人民政府可结合实际制定居民生活垃圾分类指南，引导居民自觉、科学地开展生活垃圾分类。对有关单位和企业实施生活垃圾强制分类的城市，应选择不同类型的社区开展居民生活垃圾强制分类示范试点，并根据试点情况完善地方性法规，逐步扩大生活垃圾强制分类的实施范围。

（6）2017年，国务院办公厅发布《关于转发国家发展改革委住房城乡建设部生活垃圾分类制度实施方案的通知》，同时颁布《教育部办公厅等六部门关于在学校推进生活垃圾分类管理工作的通知》

为深入贯彻党的十九大精神，推进资源全面节约和循环利用，根据《国务院办公厅关于转发国家发展改革委住房城乡建设部生活垃圾分类制度实施方案的通知》（国办发[2017]26号，以下简称《实施方案》）要求，教育部办公厅等六部门决定在各级各类学校实施生活垃圾分类管理，并同时颁布《教育部办公厅等六部门关于在学校推进生活垃圾分类管理工作的通知》（教发厅[2017]2号），要求各地教育部门和学校要以深入学习贯彻党的十九大精神为统领，将生活垃圾分类管理工作作为贯彻落实节约资源和保护环境基本国策的实际行动，牢固树立社会主义生态文明观和创新、协调、绿色、开放、共享的发展理念，切实增强做好生活垃圾分类工作的紧迫感、责任感、使命感，按照所在地政府的统一部署，强化国民教育基础性作用，着力提高全体学生的生活垃圾分类和资源环境意识，倡导简约适度、绿色低碳的生活方式，为推动形成人与自然和谐发展现代化建设新格局，建设美丽中国做出积极贡献。

（7）2019年11月15日，住房和城乡建设部发布了《生活垃圾分类标志》标准对生活垃圾分类标志的适用范围、类别构成、图形符号进行了调整。相比于2008版标准，新标准的适用范围进一步扩大，生活垃圾类别调整为可回收物、有害垃圾、厨余垃圾和其他垃圾4个大类和11个小类，标志图形符号共删除4个、新增4个、沿用7个、修改4个。

 10. 地方政府颁布实施的政策、文件有哪些？

部分地方垃圾分类相关政策汇总一览如表1所示。

表1-1　部分地方垃圾分类相关政策汇总一览

序号	发文地方	发文日期	政策
1	苏州	2017.6	《苏州市生活垃圾强制分类制度实施方案》
2	北京	2017.10	《关于加快推进生活垃圾分类工作的意见》
3	上海	2018.3	《关于建立完善本市生活垃圾全程分类体系的实施方案》
4	青岛	2018.7	《关于进一步推进城市生活垃圾分类的实施意见》
5	合肥	2019.1	《合肥市生活垃圾管理办法》
6	贵州	2019.1	《关于全面推动生活垃圾分类工作的通知》
7	宁波	2019.2	《宁波市生活垃圾分类管理条例》
8	长春	2019.3	《长春市生活垃圾分类管理条例》

续表

序号	发文地方	发文日期	政策
9	南京	2019.3	《南京市2019年城市管理工作实施意见》
10	北京	2019.10	《北京市生活垃圾管理条例修正案（草案送审稿）》

（1）北京市相关政策

2017年10月30日，北京市人民政府办公厅下发了《关于加快推进生活垃圾分类工作的意见》确立有关生活垃圾分类工作的基本目标，并且要求城市管理委员会同市有关部门，制定推动公共机构开展生活垃圾强制分类工作方案并组织实施，要求各区要落实属地责任，积极支持驻区中央党政机关、部队、市级党政机关开展垃圾强制分类。2019年10月起，由北京市城市管理委员会起草的《北京市生活垃圾管理条例修正案（草案送审稿）》在首都之窗网上公开征求意见，拟规定，个人未将生活垃圾分别投放至相应收集容器的，由城市管理综合执法部门责令立即改正，拒不改正的，处200元罚款。记者注意到，在此次修正案第三章《减量与分类》中，特别提出了鼓励家庭安装使用食物垃圾处理器。

（2）上海市相关政策

2018年3月16日，上海市人民政府办公厅印发《关于建立完善本市生活垃圾全程分类体系的实施方案》的通知。文件对上海市生活垃圾如何分类和生活垃圾分类管理有哪些主要环节等列出有关规定。

（3）苏州市相关政策

2017年6月15日，市政府办公室关于印发《苏州市生活垃圾强制分类制度实施方案》实施生活垃圾强制分类的公共机构和相关企业应将生活垃圾分成易腐垃圾、可回收物、有害垃圾、园林绿化垃圾、建筑（装修）垃圾、大件垃圾和其他垃圾等类别。其中，必须将有害垃圾和易腐垃圾作为强制分类的类别之一，同时根据公共机构和相关企业生活垃圾的产生情况，再确定其他的分类类别。垃圾分类收集容器和相关设施设备由公共机构和相关企业配置，并要符合国家及苏州市相关标准和要求。

 11. 行业组织颁布实施的政策、文件有哪些？

（1）2017年2月，住房和城乡建设部发布《关于加快推进部分重点城市生活垃圾分类工作的通知》

其主要内容是2020年年底前，46个重点城市基本建成生活垃圾分类处理系统，基本形成相应的法律法规和标准体系，形成一批可复制、可推广的模式。在进入焚烧和填埋设施之前，可回收物和易腐垃圾的回收利用率合计达到35%以上。2035年前，46个重点城市全面建立城市生活垃圾分类制度，垃圾分类达到国际先进水平。提出规范生活垃圾分类投放、规范生活垃圾分类收集、加快配套分类运输系统、加快建设分类处理设施等。

（2）2019年4月，住房和城乡建设部、国家发展和改革委员会、生态环境部等发布《关于在全国地级及以上市全面开展生活垃圾分类工作的通知》

其主要相关内容是根据分类后的干垃圾产生量及其趋势，"宜烧则烧""宜埋则埋"，加快以焚烧为主的生活垃圾处理设施建设，切实做好垃圾焚烧飞灰处理处置工作。

 12. 家庭生活产生的垃圾有哪些？

（1）可回收物

主要包括：废纸类、废塑料、废玻璃、废金属、废旧纺织物等。

（2）有害垃圾

主要包括：废电池类、废灯管类、废药品类、废化学品类、废水银类、废胶片及废相纸类等。

（3）厨余垃圾

主要包括：菜帮菜根、肉蛋食品、瓜果皮核、剩菜剩饭、糖果糕点、宠物饲料、水培植物等。

（4）其他垃圾

主要包括：混杂、污损、易混淆的纸类，废弃日用品，清扫渣土，大骨头，贝壳，水果硬壳，坚果果壳，陶瓷制品等。

特别提示

大件垃圾处理方式

大件垃圾包括沙发、床、床垫、桌凳、茶几、衣柜、书柜、酒柜、电视柜、鞋柜、自行车、燃气灶、健身器材、金鱼缸、洗浴玻璃门、可拆解沐浴房等。

对于大件垃圾的处理，可网上预约上门服务，或联系其他再生资源回收企业、物业服务公司、生活垃圾分类收集单位回收，或投放至指定回收点。

13. 学校教室、宿舍产生的垃圾有哪些？

（1）可回收物

废纸、易拉罐和饮料瓶等。

（2）其他垃圾

用过的餐巾纸、粉笔头、零食、用坏的笔等。

14. 办公场所产生的垃圾有哪些？

（1）可回收物

易拉罐、玻璃瓶、塑料瓶以及其他塑料制品、打印纸、包装纸、废报纸、广告单等。

（2）有害垃圾

部分废电池（如纽扣电池、铅蓄电池、电子产品用的锂电池等）、废灯管、废墨盒、过期药品等。

（3）其他垃圾

果皮、纸屑、纸巾、茶叶渣等。

15. 超市菜场产生的垃圾有哪些？

（1）可回收物

塑料包装盒、绳子等。

（2）厨余垃圾

枯菜叶、烂瓜果、剩下的虾壳鱼骨头、蟹壳虾头、鱼鳞和海鲜动物内脏等。

（3）其他垃圾

塑料袋、保鲜膜、一次性包装盒、贝类坚硬的外壳、家禽毛发等。

 16. 饭馆食堂产生的垃圾有哪些?

（1）可回收物

放调料的玻璃瓶、易拉罐、饮料瓶、纸塑铝复合包装、打印纸、纸箱、毛巾、围裙、厨师帽、废弃的厨具、工具、电器等。

（2）有害垃圾

废旧灯管、餐厅装修用的油漆、瓦斯炉用的瓦斯罐等。

（3）厨余垃圾

蔬菜、瓜果、加工类产品（如罐头）、鱼、碎骨、肉和内脏、剩菜剩饭等。

（4）其他垃圾

被食物污染过的塑料袋、餐具薄膜，用过的一次性纸杯、一次性餐具，厨房用纸、卫生间用纸、保鲜膜、烤盘纸、灰土、大骨头等。

 17. 垃圾分类与建设美丽中国有何关联?

垃圾分类对推动绿色发展、可持续发展具有重要意义，明确推行垃圾分类的具体要求，体现了党和国家对改善民生、优化生态环境的高度关切，为动员全社会力量推进垃圾分类工作，建设美丽中国指明了方向。

将垃圾分类作为推进绿色发展、建设美丽中国的重要举措，作为回应民生关切、增进民生福祉的重要抓手，坚持一抓到底，努力抓出成效，让良好生态环境成为人民生活的增长点、成为经济社会持续健康发展的支撑点、成为展现我国良好形象的发力点，激励人民群众共同创造新时代幸福美好生活。

18. 垃圾分类与建设资源节约型社会有何关联？

（1）垃圾分类回收再利用是改善环境、资源利用的双赢措施

节约、不铺张浪费是中国的传统美德，但近些年来浪费的现象越来越严重，虽然大力倡导光盘行动等节约行为，但是收效甚微。主要原因是人们的意识观念没有真正改变。

（2）让人们自行意识到节约的重要性

垃圾分类涉及人们生活的各个细节，并伴随着一定的惩罚措施。分类过程中的各种"麻烦"或许能让人们自行意识到节约的重要性，这种效果比任何宣传教育和横幅口号都来得更为直接，更为深入人心。意识观念的转变，反过来也能促进垃圾分类的实行，进而促进节约型社会的创建。

19. 垃圾分类与居民健康生活有何关联？

① 垃圾分类是一种良好的生活习惯，也是一种文明素养。

② 实行垃圾分类不仅能改善生活环境，促进资源回收利用，推动绿色发展，更有利于提升国民素质，推进社会文明建设。

③ 从身边的小事做起，逐步实现垃圾分类从"要我分"到"我要分"的理念转变，实践绿色健康的生活方式，为生态文明建设贡献出自己的力量。

 20. 国外生活垃圾分类典型做法有哪些？

（1）德国：欧洲垃圾分类回收体系比较完善的国家之一

目前，德国垃圾分类主要靠居民自觉，原则上并没有对垃圾分类执行不力的处罚措施。不过，住宅楼的物业公司、负责回收垃圾的相关环境部门都会对居民垃圾分类予以监督和指导。在一栋公寓楼内，曾经发生过有人将未折叠拆解的大型纸质包装箱放在垃圾房地面上的情况。物业管理员就在垃圾房门口张贴了一张带有照片的告示，敦促事主尽快将垃圾按规定处理，否则环卫部门就有权拒收本楼的垃圾。由于拒收垃圾将会影响本楼其他住户的正常生活，当事人"压力山大"，很快就按要求把垃圾处理好了。

对于可回收塑料瓶，德国的处理颇具特色。从超市买回来的大部分饮料、矿泉水等带有塑料瓶包装的产品都已包含了

0.25欧元的"塑料瓶押金"。使用过后把带有可回收标志的塑料瓶投入回收机，会得到一张带有金额的凭证，可用作代金券在超市内继续消费或在收银台申请退款。这个看似不起眼的做法，却让塑料瓶回收和再利用得到了普及，有效提高了可回收物的回收利用率。

（2）新加坡：从头开始，分类为先

新加坡政府在提倡垃圾分类投放的同时，为了不给居民因垃圾分类过细增加相应负担，注重减少垃圾产生的源头，如减少过度包装等，并在垃圾无害化处理和再回收利用上下功夫。据统计，新加坡有560多万人口，每人每天产生近1公斤垃圾，这些垃圾近60%被回收循环利用。其中，不可回收的垃圾会送往垃圾焚化厂焚烧，垃圾经焚烧后体积一般会减少90%，再将其运输到实马高岛做无害化填埋处理；剩余的可回收物，会运送到垃圾处理厂由专门机器和部分人工分拣，将其中的塑料、玻璃、金属等分离，用于销售或二次加工。

（3）保加利亚：垃圾分类，从娃娃抓起

2018年，保加利亚首都索非亚建成并投产使用的一处现代化垃圾处理中心，专门建有儿童互动教育中心，用于培养孩子的垃圾分类意识。300平方米的互动教育中心分为三个区域：第一个区域是电影放映区，主要用于宣传保护环境和包装废物的分类知识，参观者甚至可以了解到从古代到现在有组织的废弃物收集系统历史；第二个区域是培养孩童环保意识区，主要让儿童学习如何区分并将塑料、纸张、玻璃和金属等放入不同颜色的回收箱中；第三个区域则是绿色地球主题区，每个参观者都可以留下自己对保护环境和绿色世界的畅想和建议。

第二篇
垃圾怎么分？

　　全面贯彻党的十八大和十八届三中、四中、五中、六中全会精神，深入贯彻治国理政新理念、新思想、新战略，统筹推进"五位一体"总体布局和协调推进"四个全面"战略布局，牢固树立和贯彻落实创新、协调、绿色、开放、共享的发展理念，加快建立分类投放、分类收集、分类运输、分类处理的垃圾处理系统，形成以法治为基础、政府推动、全民参与、城乡统筹、因地制宜的垃圾分类制度，努力提高垃圾分类制度覆盖范围，将生活垃圾分类作为推进绿色发展的重要举措，不断完善城市管理和服务，创造优良的人居环境。

1. 可回收物分类标识及设施有哪些?

可回收物分类标识如图2-1所示。

可回收物

Recyclable

图2-1 可回收物分类标识

可回收物设施:垃圾桶、垃圾箱、垃圾转运站等。

2. 有害垃圾分类标识及设施有哪些?

有害垃圾分类标识如图2-2所示。

有害垃圾

Hazardous waste

图2-2 有害垃圾分类标识

有害垃圾设施:垃圾桶、垃圾箱、垃圾转运站等。

3. 厨余垃圾分类标识及设施有哪些?

厨余垃圾分类标识如图2-3所示。

厨余垃圾

Food Waste

图2-3 厨余垃圾分类标识

厨余垃圾设施：垃圾桶、垃圾箱、垃圾转运站。

 4. 其他垃圾分类标识及设施有哪些？

其他垃圾分类标识如图2-4所示。

其他垃圾

Residual Waste

图2-4 其他垃圾分类标识

其他垃圾设施：垃圾桶、垃圾箱、垃圾转运站。

 5. 家庭生活垃圾怎么进行分类投放？

（1）设立固定回收点

针对家庭有害垃圾数量少、投放频次低等特点，可在社区设立固定回收点或设置专门容器分类收集、独立储存有害垃圾，由居民自行定时投放。

（2）管理收运

收集后的家庭生活垃圾由社区居委会、物业公司等负责管理，并委托专业单位定时集中收运。

 6. 学校教室、宿舍垃圾怎么进行分类投放？

（1）宿舍

每个宿舍应当配至少三个垃圾桶：可回收物垃圾桶、不可回收物垃圾桶、卫生间垃圾桶。

垃圾桶规格应该选择小号、摇盖式。

危险废物、有害废物应当用坚硬的包装袋封好，并注明"危险"。

（2）教室

每两个教室应当设置一组垃圾桶，规格为中型、摇盖式。

 7. 办公场所垃圾怎么进行分类投放？

（1）可回收物垃圾桶

办公场所的废弃纸张、文件、报纸、快递包装等都属于可回收物，应投放在可回收物专门堆置点或者是可回收物垃圾桶内。

（2）其他垃圾桶

照片、复写纸、压敏纸、收据等受污染且无法再生的纸张都应投放至其他垃圾桶。

（3）厨余垃圾桶

吃剩的饭菜、喝剩的饮料应将食物残渣倒入厨余垃圾桶；茶叶渣包括过期的干茶，都属于"厨余垃圾"。

8. 超市菜场垃圾怎么进行分类投放?

（1）摊位旁

每个摊位旁都有一个蓝色的塑料垃圾桶，专门用来装菜叶、菜梗等厨余垃圾。

（2）投放点

在超市、菜场一角还应设置可回收物、其他垃圾和有害垃圾投放点。保洁员每天3次分类收运。

9. 饭馆食堂垃圾怎么进行分类投放?

（1）可回收物垃圾桶

每一间厨房都储存有大量的调味料、酱汁、奶制品以及各种其他原材料，而装着这些材料的瓶子、罐子，一般都是可回收物。

厨房每天都离不开各种原材料的到货，一般都是用纸盒或纸箱装，这些干净的纸包装需压扁叠好，一并投入可回收物的垃圾桶中。

废弃的工具、金属餐具、厨具如废旧的锅铲、铸铁锅、塑料容器等，投入可回收物垃圾桶中。

废弃的织物，如毛巾、围裙、厨师帽等也投入可回收物垃圾桶。

（2）厨余垃圾桶

厨余垃圾相对来说容易区分，只要是厨房里产生的容易腐烂的、会发臭有味道的生物质的废弃物，都属于厨余垃圾。

主要有食物残渣、菜叶果皮、花卉香料几大类。

厨房里每天会产生大量的果蔬皮和剩饭剩菜，它们是污渍和异味的主要来源，一定要专门收集和特殊处理。

注意在扔吃剩下的食物时，要干湿分投，把食物或汤汁专门倒进湿垃圾桶（即厨余垃圾桶）里，包装根据情况投放干垃圾桶（即其他垃圾桶）或可回收物垃圾桶中。

10. 药店诊所垃圾怎么进行分类投放？

（1）普通感冒药、消化药等片剂类的药物

可以选择把拆出的药片放在一起用纸包好，然后丢弃到有害垃圾桶中。

（2）止咳、感冒类的口服液

这类药品相对抗生素来说，还比较安全，家庭储存的量也不会太多。在处理的时候，可以选择把里面的液体倒掉，然后用清水冲洗干净丢弃。一次不要倒太多，分期分批倒掉。

（3）剩下的玻璃瓶

可以当作可回收物来处理。中药煎煮后的药渣，属于厨余垃圾，应该尽量把水沥干，然后丢弃到厨余垃圾分类箱中。

11. 家庭生活怎么进行垃圾分类收运？

（1）居民投放

居民按生活垃圾分类标准将垃圾分别装袋，将垃圾投放到楼道或垃圾房的分类容器。

（2）环卫工人进行收集

受环境条件制约的住宅区，居民可将垃圾分成厨余垃圾与其他垃圾两类进行排放，环卫工人收集后再按四类标准进行二次分类。

12. 学校教室、宿舍垃圾怎么进行分类收运？

（1）宿舍区域收集

教室宿舍区域的垃圾桶由垃圾清运人员用校园保洁车收集，运输到校园垃圾中转站。校园保洁车采用完全密封装置，且容积较大，不会出现二次污染的现象。

（2）楼道区域收集

楼道里面的垃圾由楼内保洁人员清运。

13. 超市菜场垃圾怎么进行分类收运?

大多数超市菜场对待垃圾都会采取集中清运"填埋"的办法,通过这套有机垃圾处理设备将菜场垃圾转变成了有机肥,一方面减少了菜场垃圾的存量,另一方面真正实现了垃圾的就地资源化处理。

 14. 饭馆食堂垃圾怎么进行分类收运?

整个收运流程划分:计划,调度(安排),出厂前准备,出行途中管理,回收(联系饭馆食堂、相关人员送垃圾、分装垃圾、垃圾进罐、清扫),返程途中管理,进厂(过磅、卸料),清洗,入库。

 15. 药店诊所垃圾怎么进行分类收运?

医务人员先对医疗废物进行分类,根据医疗废物的类别将医疗废物分别置于专用包装物或容器内,按照规定的路线运送至临时贮存室,根据实际情况调整清运时间、频次,确保相关垃圾日产日清。

 16. 垃圾处理公司怎么进行垃圾分类收运?

对于目前垃圾处理的方法垃圾处理公司做如下分类:综合利用、卫生填埋、焚烧和堆肥。家庭垃圾分类处理可以减少环保工人的劳动力,提高他们的工作效率,使工人不用每天收完垃圾之后回去还要再进行分类。而且自己也可以养成垃圾分类投放的良好习惯。

17. 社区及居委会怎么进行垃圾分类收运？

（1）可回收物收运

由居民直接纳入废品回收系统，或投放到可回收物容器，由保洁人员收集后纳入废品回收系统。

（2）厨余垃圾收运

由楼房居住区的居民投放至各楼层厨余垃圾收集容器内或采用标准颜色胶袋装载放置家门口，保洁人员每天定时收集，并用专用保洁车（或塑料垃圾桶）将厨余垃圾运至垃圾中转点后，再采用专用运输车将厨余垃圾运至指定处理厂进行集中处理。

（3）有害垃圾收运

定期用专用运输车运至社区有害垃圾临时贮存点临时贮存；待达到一定数量后，再进行统一处理。

18. 环卫部门怎么进行垃圾分类收运？

环卫部门按照国家的垃圾分类收集的环境管理政策，组织开展城市生活垃圾分类法规、政策调研。

从源头抓起，逐步过渡到垃圾收集由企业负责社区、小区、居民住宅等源头的生活垃圾收集工作，避免多头管理，多头浪费。

增加垃圾收集设施和垃圾运输车辆的数量，要求更多的单位和个人参与垃圾分类收集。

第三篇
垃圾到哪去？

　　建立环保、高效、节能的垃圾分类收集、运输系统。依照可持续发展的观念，将垃圾做资源化处理。垃圾的资源化处理是指对产生的垃圾进行细致分类和筛选，然后根据筛选出来的垃圾的不同性质分别采用适宜的方法处理，使不同种类的垃圾均能加以回收再利用，从而真正做到垃圾处理的减量化、无害化和资源化。

1. 垃圾运输或压缩转运简要流程是怎样的？

垃圾运输或压缩转运简要流程如图3-1所示。

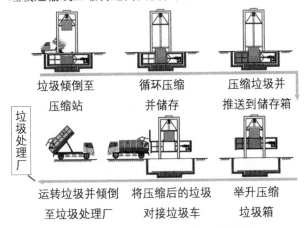

图3-1 垃圾运输或压缩转运简要流程

 2. 可回收物处理处置简要流程是怎样的？

可回收物处理处置简要流程如图3-2所示。

图3-2 可回收物处理处置简要流程

3. 有害垃圾处理处置简要流程是怎样的?

有害垃圾处理处置简要流程如图3-3所示。

图3-3 有害垃圾处理处置简要流程

4. 厨余垃圾处理处置简要流程是怎样的?

厨余垃圾处理处置简要流程如图3-4所示。

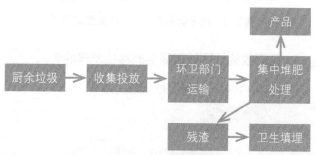

图3-4 厨余垃圾处理处置简要流程

 ### 5. 其他垃圾处理处置简要流程是怎样的?

其他垃圾处理处置简要流程如图3-5所示。

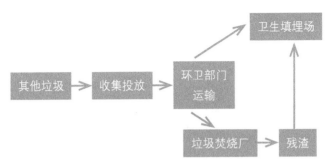

图3-5　其他垃圾处理处置简要流程

6. 可回收物的资源化途径有哪些？

① 保持其原有使用功能的直接回收利用，比如将啤酒瓶等经过清洗后重新作为啤酒瓶使用；旧衣服作为二手物品使用。

② 不再保持其原有形态和使用性能，但还保持利用其材料的基本性能，如废金属回收利用、废纸再生、玻璃再生等。

③ 不再保持其原有的形态、使用性能和材料的基本性能，但还保持利用其部分分子特性等，如生物质有机垃圾的好氧堆肥、厌氧发酵等。

7. 有害垃圾的资源化途径有哪些？

环卫作业单位分类收集有害垃圾，按环保要求进行临时储存和二次分类，委托有资质的危险废物持证经营企业，选择有危险废物运输资质的运输单位进行运输，有资质的危险废物持证经营企业对有害垃圾进行处置或利用。

8. 厨余垃圾的资源化途径有哪些?

（1）用废油脂制肥皂

用动植物混合废油脂、烧碱等，将该2种原料搅拌均匀，再通过小火熬制，将浆液倒入牛奶盒、饭盒等模具中，冷却成型。由于手工制成的肥皂碱性较强还含有甘油等，不宜洗涤金属、木制品和丝毛纺织品。在操作中须注意用火安全。

（2）制作有机堆肥

滤去厨余垃圾的水分，将垃圾中的蛋壳、骨头剁成小块或碎片，将旧报纸撕成小片，注意不能在预处理的垃圾中倒入牛奶、油脂和淘米水等。在一个带盖的塑料桶中，先放一层干燥泥土，再放一层等质量厨余垃圾，像三明治式，直至装满为止，用小铲将垃圾与泥土搅拌均匀，最后盖上盖子放置1个月，即成有机堆肥，可与普通不含化肥泥土1：2调配成种植蔬菜、花卉用土。

9. 其他垃圾的资源化途径有哪些?

焚烧是广泛采用的城市垃圾处理技术，大型设备配备有热能回收与利用装置的垃圾焚烧处理系统，由于顺应了回收垃圾能源化的要求，正逐渐上升为垃圾处理的主流。

焚烧技术的广泛应用，除了得益于经济发达、投资力强、垃圾热值高外，主要在于焚烧工艺和设备的成熟与先进。各种焚烧装置及新型焚烧炉正朝着高效、节能、低造价、低污染且自动化程度越来越高的方向发展。

 10. 垃圾称量有哪些环节？

（1）地衡

称重系统一般放置在垃圾运输车辆进入厂区的入口处，可以根据车辆的额定载重选择适当的汽车衡。地衡固定于水泥支座上的金属构架上，水泥支座应高出地平面，以防止雨水及污水流到称重设备里。地衡上方要有牢固的顶棚，以防止降水的影响。

（2）称重控制房

地衡旁设置控制房，里面配有和地衡相连接的显示设备，该显示设备可以记录并打印出驶上地衡的垃圾车的称重结果。

地衡与中央控制室和行政管理部门相连，及时进行数据交换。发往中央控制室的信息是每日进厂垃圾总重和分时间段的统计。所有数据对于生产情况的统计和生产计划的安排都非常重要。

 11. 垃圾堆填有哪些环节？

（1）倾卸

（2）压实

垃圾倾卸后平铺，分层，有垃圾压实机械反复碾压。压实的主要作用在于增加填埋场库容，延长使用年限，减少渗入垃圾的水量。

 12. 垃圾填埋封场有哪些环节？

（1）覆盖封场

当填埋作业达到终期高度以后，进行终期覆盖封场工作。填埋场上覆盖0.5m厚均匀压实的黏土防渗层，以减少雨水渗入垃圾。

（2）垃圾填埋场防渗工程及保护措施

防止垃圾填埋场内渗滤液对周边地下水及地表水造成污染。

（3）雨水、渗滤液收集与废气排放

在填埋场底部防渗膜上铺设0.5m厚碎石、砾石反滤层，碎石内铺设多道直径为250mm的HDPE花管及3道直径为315mm的HDPE导流花管用于对渗滤液的收集与导流，渗滤液经导流管流入库区外调节池，再采用回灌、蒸发的方法，即利用填埋场覆盖膜的土壤、垃圾层的降解净化作用和终场后表面植物的吸收作用来处理渗滤液。

气体导排系统设置：在渗滤液收集槽旁，间隔安装8道直径为200mm的导气管，每根导气管长为2m，导气管四周设石笼透气层，导气系统的铺设是随着填埋作业面逐层上升而逐段加高的，导气管排放口高出最终覆盖面1m以上。

 ## 13. 垃圾填埋二次污染有哪些处理措施？

（1）填埋场场底防渗

为防止垃圾渗滤液污染地下水，必须在填埋场场底采取有效的防渗措施。近几年国外开始采用人工合成防渗层，有的采用双防渗层，后者效果好于前者。垂直防渗可采用帷幕灌浆、不透水布等。各填埋场可根据具体工程和水文地质情况，采取相应的防渗措施。

（2）渗滤液的收集处理

渗滤液由于成分复杂、污染大，在排放前必须进行处理。但目前国内外尚无完善的能够适应各种垃圾渗滤液的处理工艺。一般来说，渗滤液可采取"清污分流，渗滤液回灌，预处理，汇入城市污水处理厂合并处理"的方法进行处理。

（3）填埋气的回收利用

垃圾填埋气（也称沼气）是一种可回收利用的能源，其热值与城市煤气的热值相近。但由于填埋气回收设备复杂，投入大而且效益低，我国目前运行的垃圾填埋场中，大多没有气体回收再利用系统，大量有毒有害气体排放到大气环境中，不仅造成污染，也是一种资源浪费。填埋气回收利用可通过"收集—净化—利用"的方式进行。

14. 垃圾填埋过程的物质能源利用方式有哪些?

填埋气是一种可燃气体,俗称沼气,主要成分是甲烷,产生于填埋场的垃圾填埋过程,是垃圾中可以生物降解的有机物在降解过程中产生的一种副产品。垃圾填埋场的1t垃圾全部发酵后,产生的填埋气(理论值)可达$200 \sim 400m^3$,其中甲烷占30% ~ 60%,二氧化碳占20% ~ 30%。

填埋气发电的大致流程为:填埋气收集,气体处理(净化和浓缩),分配给燃气发动机组燃烧做功发电和架线送电到各家各户。

 15. 垃圾焚烧有哪些环节?

(1)垃圾聚集

生活垃圾从服务区经收集后由密闭式垃圾运输车送至垃圾焚烧发电厂(该工艺环节由环卫部门负责),经称重后由运输车运送至主厂房卸料大厅,通过卸料平台卸入垃圾储坑内。

(2)垃圾储存

为提高进炉物料的燃烧稳定性,垃圾储坑内的物料一般会放置5 ~ 7天,通过垃圾吊车进行翻松使垃圾成分较为均匀,同时经过发酵作用滤出部分垃圾渗滤液以提高进炉物料的热值。

（3）渗滤液收集及处理

垃圾储坑底部外侧设有渗滤液收集池及输送泵，滤出的垃圾渗滤液进入渗滤液收集池临时存储，一部分回用于垃圾仓喷洒抑尘，其余经预处理后排入市政污水管网，输送到城市污水处理厂集中处理。

（4）垃圾焚烧

垃圾料斗内的物料由炉膛推料装置送到焚烧炉中，垃圾物料在炉内依次通过炉排的干燥段、燃烧段和燃烬段，使垃圾得到充分的燃烧。

（5）余热利用

垃圾焚烧产生的高温烟气从炉膛出来后进入余热锅炉，在此发生热交换，余热锅炉吸收热量产生过热蒸汽，输送至汽轮机发电。

（6）烟气处理

在垃圾燃烧炉内喷射还原剂氨水，控制炉内烟气NO_x产生浓度，从余热锅炉排出的烟气从半干式脱酸反应塔顶部切向进入，而碱性吸收剂则从旋转雾化器内以雾滴的形式高速喷出，使烟气中的酸性气体（如HCl、SO_2等）绝大部分被碱液吸收去除，烟气的余热则使浆液的水分蒸发，反应生成物以干态固体的形式排出。

（7）炉渣处理

炉膛燃烬段下方设有除渣机，生活垃圾经充分燃烧后残余的少量不可燃残渣经除渣机送至渣池，由运渣车运送至主管部门指定场所进行综合利用。

（8）飞灰处理

半干式脱酸反应塔排出的反应生成物以及布袋除尘器滤袋表面截留的颗粒物通过除灰系统收集至飞灰储仓，然后在飞灰稳定化车间进行稳定化处理。

16. 垃圾焚烧二次污染有哪些处理措施？

（1）重金属的处理措施

重金属留在底灰中，然后将其固化或从底灰中回收，以洗涤或其他方法处理烟气，减少重金属的扩散。后者需要有烟气处理设备和洗涤水处理系统，成本高且有废液产生。

（2）HCl的处理措施

在烟气处理装置中，可以采用干式系统、半干式系统及湿式系统处理装置。

（3）二噁英的处理措施

针对二噁英的来源，控制产生渠道，是世界各国普遍采用的防治措施。即：严格控制氯酚类杀虫剂、消毒剂的生产、使用；全面禁止垃圾、农作物秸秆的无序焚烧；生活垃圾焚烧炉要严格控制焚烧温度不低于850℃，烟气停留时间不小于2min，氧气浓度不低于6%；对工业三废及纸浆漂白液进行净化处理；加强汽车尾气净化等。

 17. 垃圾焚烧过程的物质能源利用方式有哪些？

生活垃圾中存在大量的可燃物，利用生活垃圾代替煤作为燃料，在焚烧炉内进行燃烧、发出热量并产生蒸汽，既可以发电，也可以热电联产或直接供热。对生活垃圾采用焚烧发电（供热）的方式，不但处理了生活垃圾，而且还节约了国家的不可再生资源——煤或石油，同时补充了电力资源。

 18. 垃圾其他处理处置方法有哪些？

（1）堆肥处理

利用自然界存在的微生物，有控制地促进固体废弃物中可降解有机物转化为稳定腐殖质的生物化学过程。常采用的高温堆肥法，分解彻底、周期短、臭味小，有利于达到垃圾无害化处理的目的。

我国目前在垃圾的分类收集和堆肥设备、技术方面和国外存在较大差距。发达国家除在原有基础上增加了对废弃物的精细分离外，还通过添加必要的肥料成分和技术（如微生物发酵技术），使之形成统一的标准产品，并最终制作成便于运输和施用的颗粒形状。这种方法通常用于生活垃圾，既解决垃圾的出路，又可达到再资源化的目的，但是生活垃圾堆肥量大，养分含量低，长期使用易造成土壤板结和地下水质变坏，所以，堆肥的规模不宜太大。

（2）垃圾热解处理

将易腐垃圾在无氧或缺氧状态下进行加热分解。热解产物为可燃气体、燃烧油类、炭黑等。国际上对热解技术的开发应用可以分为两类：一类以美国为代表，以回收贮存性能源（燃烧气、油类、炭黑）为目的；另一类以日本为代表，以无公害系统开发为目的，即减少焚烧造成的二次污染和填埋废物量。

（3）水泥预分解窑一体化处理

水泥预分解窑一体化处理城市生活垃圾技术是垃圾焚烧技术的一种进化。垃圾焚烧处理技术是在焚烧炉中将垃圾燃烧释放热能，将热能回收来供热或发电；烟气净化后排出，焚烧的残渣排出填埋或作为他用，特点是处理量大、减容性好、无害化彻底，有热能回收作用。但由于焚烧方式的限制，排放烟气的飞灰和焚烧残渣中存在二次污染的可能。为彻底根除垃圾焚烧产生的衍生污染，水泥预分解窑一体化煅烧处理城市生活垃圾将比垃圾焚烧更优化，是一种垃圾焚烧接近零污染的处理工艺。

参考文献

[1] 谢小红.城市生活垃圾的危害及处理初探[J].低碳世界，2016（03）：7-8.

[2] 包云，姜言欣，杨广萍.城市生活垃圾处理现状及发展对策[J].环境科学导刊，2015，34（增刊1）：48-50.

[3] 逄磊，倪桂才，闫光绪.城市生活垃圾的危害及污染综合防治对策[J].环境科学动态，2004（2）：15-16.

[4] 沈彬.践行绿色生活 破解"垃圾围城"[J].环境，2019（7）：1.

[5] 朱晓华.推行垃圾分类 践行绿色发展[J].城市开发，2019（13）：60-61.

[6] 赵有军.垃圾分类：建立有效的终端处理系统是关键[N].人民政协报，2019-07-08（6）.

[7] 诸大建.从可持续发展到循环型经济[J].世界环境，2000（3）：6-12.